Faire un jardin de rocaille

HS Adams

Writat

Cette édition parue en 2023

ISBN : 9789359255286

Publié par
Writat
email : info@writat.com

Contenu

LE JARDIN DE ROCHE

En Europe, notamment en Angleterre, le jardin de rocaille est une institution établie avec un public distinct. Les ouvrages anglais sur le sujet constituent à eux seuls une bibliographie considérable.

De ce côté-ci de l'Atlantique, la rocaille est si peu connue qu'elle constitue un élément presque inconsidéré dans l'embellissement des jardins. Il existe quelques rocailles remarquables dans ce pays, toutes situées sur de grands domaines, et dans la plupart des cas, d'excellents travaux ont été réalisés à une échelle plus petite et moins compliquée, soit par création réelle, soit en profitant des opportunités naturelles. Mais pour l'essentiel, l'Amérique a limité sa vision des rocailles à ce qu'on appelle la « rocaille ».

Or, une rocaille, avec toutes les bonnes intentions qui se cachent derrière elle, n'est pas une rocaille. Ce n'est pas plus une rocaille qu'une rangée de cèdres plantés en un cercle exact ne serait un bois. Une rocaille est généralement un ensemble de pierres coincées dans un tas de terre ou, pire encore, un ensemble circulaire de pierres remplies de terre.

Une rocaille, avant tout, n'est pas artificielle ; du moins, en ce qui concerne l'apparence. C'est un jardin avec des rochers. Les roches peuvent être peu nombreuses ou nombreuses, elles peuvent avoir été disposées par la nature ou par la main de l'homme ; mais l'effet est toujours naturaliste, sinon réellement naturel. Le seul et unique credo de la rocaille est la nature.

Les rocailles sont de tellement de types légitimes, c'est-à-dire naturels, qu'il n'y a pas la moindre excuse pour une rocaille. Même l'excuse la plus courante, trouver une utilité aux pierres perdues, tombe à l'eau. Tout observateur attentif de la nature connaît ces types. Les jardins de rocaille naturels s'étendent des parcelles de plantes alpines au-dessus de la limite forestière dans les hautes montagnes, en passant par les pentes inférieures et les défilés jusqu'aux champs au niveau de la mer ou à proximité. Il n'est pas rare qu'ils descendent jusqu'à la mer, tandis que des eaux douces les définissent généralement et, ce qui est mieux, s'y incorporent de temps à autre - ici une mare, là un ruisseau. Ils prennent aussi pour eux la tourbière, la lande et le désert, mais peut-être seulement la limite la plus proche. Et l'homme, par de lourds efforts, élève-t-il une maçonnerie massive de manière ordonnée ? un jour le désordre arrive et la nature rend les choses naturelles par un autre type de rocaille. Le Colisée de Rome et les ruines du château de Kenilworth n'en sont que deux exemples parmi d'innombrables.

Voici, en un mot, non seulement les variations naturelles de la rocaille, mais aussi l'inspiration. Aucun jardin de rocaille digne de ce nom n'a jamais été créé par l'homme sans dépendre de l'étude de celles que la nature a donné au monde en abondance prodigue. Il y avait le pourquoi et le comment de tout cela, et l'homme voyait simplement et utilisait ses observations.

Les avantages d'un jardin de rocaille sont avant tout un élément de pittoresque que rien d'autre ne peut fournir, et la possession d'un endroit dans lequel peuvent pousser certaines des plus belles fleurs de la terre qui, si elles fleurissent, ne feront jamais aussi bien. aussi bien dans le jardin ordinaire que dans des conditions plus ou moins proches de leur habitat naturel. Il peut également devenir un plaisir d'une attractivité extraordinaire. Parfois – et c'est là l'une des choses les plus importantes à apprendre sur la rocaille – c'est la véritable clé de la situation du jardin ; il y a de petits endroits où aucune autre espèce ne vaut la peine , si tant est qu'elle soit possible.

LE CHOIX D'UN EMPLACEMENT

Le meilleur site pour une rocaille est celui où il devrait être. C'est une triste vérité, car cela élimine certaines maisons du jeu ; mais une perte de temps inutile sera évitée si cela est reconnu dès le départ. Jetez d'abord les yeux autour de vous et voyez si vous avez un endroit où une rocaille semblerait y appartenir ; c'est le test suprême. Si l'on ne semble pas à sa place, abandonnez l'idée avec philosophie et sortez-la en profitant des rocailles des autres.

En règle générale , une rocaille ne doit pas se trouver à proximité de la maison ; c'est quelque chose qui rappelle la nature et qui ne correspond pas à la plupart des architectures. Les exceptions sont lorsque la maison se trouve sur un site rocheux qui rend une telle plantation souhaitable, voire impérative, et une pente de l'arrière ou d'un côté de la maison qui semble suffisamment prononcée pour permettre une rupture nette dans le traitement général du paysage. Sauf dans ces circonstances, il vaut mieux qu'il ne soit pas en vue de la maison. Ce n'est pas si difficile qu'il y paraît ; même sur une petite place, l'endroit est facilement masqué par une plantation d'arbustes.

La rocaille, pas plus que la rocaille, ne doit non plus se trouver dans la pelouse à moins qu'elle ne soit en dépression et donc hors de vue, ou principalement du niveau. La dépression peut être naturelle ou artificielle, il peut s'agir d'un ruisseau aux berges élevées ou d'un chemin creux. Le bord d'une pelouse est meilleur, un coin de celle-ci est encore meilleur, et préférable à l'un ou l'autre est une berge en pente. Le talus de part et d'autre des marches menant d'un niveau de pelouse à un autre est également une possibilité à considérer.

Il n'est pas nécessaire d'éviter complètement les arbres ; parfois ils sont essentiels à l'effet pictural. Il n'est cependant pas bon de placer une rocaille à proximité de très grands arbres. Le goutte-à-goutte est mauvais, surtout pour les plantes alpines, et les racines gourmandes non seulement privent les plantes de leur nourriture, mais sont très susceptibles de disloquer les pierres.

Dans la mesure du possible, faites de l'entrée du jardin de rocaille un escalier difficile. Creuser si nécessaire. Plantez les crevasses des marches ainsi que celles des murs latéraux

Quelque part juste à l'extérieur du vrai jardin se trouve le meilleur endroit ; alors ce n'est qu'un pas d'un petit monde à un autre tout à fait différent. Si la rocaille mène à un bout de bois, soit directement, soit à travers un jardin sauvage, il y aura d'autant plus de quoi se réjouir. Plus le site présente ou suggère des irrégularités, mieux c'est ; non seulement un jardin de rocaille ne doit pas avoir de lignes droites, mais il n'est pas bon que tout cela soit compris dans une seule vue, peu importe que la zone soit grande ou petite.

Ce qui constitue un bon site est bien illustré par l'un des jardins de rocaille américains existants. L'endroit est grand et, à l'arrière de la maison, le terrain est plat sur une distance considérable et descend ensuite avec une pente assez raide jusqu'à une allée, au-dessous de laquelle une autre terrasse mène à une prairie. Au lieu d'être continue, cependant, la berge au-dessus de l'allée est interrompue par un petit vallon, qui ne mène apparemment nulle part, mais en réalité une entrée à la fois à la pelouse arrière et au jardin à la française. Dans ce vallon se trouve la rocaille, ou plutôt l'essentiel de celle-ci. Bien que délimité au nord - il s'étend à l'est et à l'ouest - par le jardin à la française et au sud par la pelouse, la rocaille n'est visible ni depuis l'un ni l'autre, ni depuis la maison. Il est idéalement situé à proximité des trois, mais distinctement de tous. Une fine plantation de conifères le protège sur les côtés sud et est, et il y a une haie basse entre elle et le jardin à la française. Le jardin de rocaille déborde du vallon et longe la berge de chaque côté, la partie ombragée étant consacrée à une vaste collection de fougères rustiques. De l'autre côté de l'allée, il y a plus de rocaille, puis une courte étendue de jardin à cloisons sèches. Il n'est pas nécessaire de trouver un tel site tout fait. Étant donné n'importe quel terrain avec une berge et un peu d'imagination, et un vallon n'est qu'une simple question de pelletage de terre. Appelez ça une gorge, si vous préférez. L'un ou l'autre, en miniature, est une forme privilégiée de rocaille ; il en va de même pour la colline et la crête.

Jusqu'à présent, on a supposé que les roches devaient être ramassées dans différentes parties du lieu ou amenées de l'extérieur. Mais beaucoup de terrains, surtout ceux des campagnes, ont des rochers ; souvent plus que ce qui est souhaité. Même si c'est parfois la meilleure des chances, de temps en temps, la difficulté de dynamiter et de réarranger est à peu près aussi grande que s'il fallait retrouver toute la pierre. Cela facilite néanmoins le choix d'un site ; là où se trouvent naturellement les roches, elles devraient être là. Parfois, les rochers sont disposés de telle manière qu'il n'y a pas de choix ; le site s'installe tout seul et à vous d'en profiter au maximum.

Un seul rocher, quelques rochers épars ou un talus rocheux peuvent être transformés en une simple rocaille sans déplacer une pierre. Un peu de plantation judicieuse et la transformation est terminée.

Une rocaille avec de l'eau est une rocaille glorifiée. Dans la mesure du possible, sans nuire au système principal, le jardin doit être mis à l'eau. A défaut, apportez-y l'eau, si cela est réalisable ; qui peut être déterminé lors du choix du site.

LES TRAVAUX DE CONSTRUCTION

Le printemps est la meilleure période pour réaliser une rocaille. Lorsque la question importante du choix du site a été laissée au passé, un projet précis doit être planifié. Du caractère définitif de ce projet dépendra en grande partie le succès du jardin de rocaille. Ici, le désir devra être soumis à la situation. Il ne s'agit pas tant de ce que vous voulez que de ce qui est le mieux dans les circonstances.

N'essayez pas servilement de copier la rocaille de quelqu'un d'autre. Tout l'argent du monde ne créerait pas pour vous une copie exacte, puisque la nature n'a pas créé deux roches exactement identiques. Étudiez-les, bien sûr ; obtenez toutes les idées que vous pouvez. Mais étudiez d'abord et avant tout la nature, plus particulièrement ses habitudes dans votre propre quartier. Partout où les opportunités sont abondantes. Prenez une feuille ou deux du livre des jardiniers japonais. Ils sont passés maîtres dans l'art de réaliser des rocailles, avec un peu d'eau. Ils utilisent relativement peu de plantes en fleurs, mais leur exemple est précieux dans la disposition simple et efficace des roches, dans la simulation de la hauteur et de la hauteur. distance, dans l'emploi approprié du gazon et dans la plantation de petits arbres et arbustes adaptés à un projet de rocaille.

Mesurez soigneusement l'espace disponible, puis étalez le plan sur du papier quadrillé. Appelez chacun des petits carrés un pied carré et le travail sera facilité. Ensuite, trouvez une bonne entrée et, si possible, une sortie tout aussi bonne, l'une invisible de l'autre. Tracez ensuite le chemin principal, qui doit être aussi détourné que la situation le permet, et, si des routes secondaires ne peuvent être ajoutées, prévoyez des baies ou des retraits plus prononcés. N'oubliez pas que vous ne devez pas simplement simuler la nature ; vous êtes, par un processus de compression de beaucoup en peu, à l'incarner.

Vient ensuite la sélection des roches. Habituellement, le rocher à portée de main, peut-être sur le terrain même, répondra à tous les besoins. Si vous n'avez pas la chance d'en posséder, il y a très probablement plus d'un citadin qui se fera un plaisir de vous donner tous les rochers et roches plus petites que vous désirez, si seulement vous les retirez des endroits où ils ne sont pas désirés. Le coût de l'enlèvement, même dans le cas de rochers de taille moyenne, n'est pas élevé.

À l'exception du quartz, qui n'a pas un bel aspect, presque tous les types de pierres naturelles peuvent être utilisés de manière optimale. La pierre artificielle doit être évitée comme la peste. Le calcaire et le grès sont de bons matériaux ; le granit est meilleur. Le granit, cependant, ne se stratifie pas et si des effets stratifiés sont souhaités, une autre pierre doit être sélectionnée. Un bon plan consiste à en utiliser plusieurs types, mais à les séparer correctement. Le granit battu par les intempéries est un excellent matériau et, en général, il est bon que la roche ait un aspect autre que celui d'une carrière récente. Choisissez quelques roches sur lesquelles se trouvent des lichens et assurez-vous que celles-ci ne sont pas dérangées par le mouvement.

Bonne plantation en rocaille. Chacune des espèces principales possède une poche de sol qui lui est propre. Notez le fond efficace et les crevasses irrégulières

Les rochers peuvent peser jusqu'à plusieurs tonnes. Là où il n'est pas facile d'en obtenir, on peut en simuler un en combinant ingénieusement quelques petits et en dissimulant les joints en plantant des choses telles que des orpins dans la terre - ce qui, sauf dans de rares cas de pure nécessité, est toujours utilisé dans la construction d'un rocaille à la place du mortier.

Si le site est de niveau, l'étape suivante consiste à changer tout cela, d'abord sur papier. À moins que la configuration du terrain ne soit favorable au départ, la configuration de la rocaille ne doit pas dépendre entièrement de la construction ; il doit y avoir quelques excavations, mais pas de dépressions suffisamment profondes pour capter et retenir l'eau là où vous voudrez marcher.

Hormis les niveaux du chemin, la construction commence par les roches et non par le sol. C'est un point très important. Placez les rochers en premier ; ce sont les grands effets. En dehors de cela, les travaux les plus lourds seront évités. Commencez ensuite par les roches de base décrivant. Ceux-ci doivent être placés avec la plus grande surface au sol et doivent varier en taille. Il n'est pas indispensable que les roches les plus basses soient légèrement enfouies dans le sol, mais cette solution est préférable.

Lorsque les chemins et les marges extérieures ont été ainsi définis, dispersez davantage de roches sur la surface intermédiaire, en les plaçant assez épaisses mais pas rapprochées. Ensuite, remplissez de terre, en la tassant fermement et en l'enfonçant fort dans chaque crevasse. Si cela s'accorde avec le travail de la journée, ce n'est pas une mauvaise idée de bien arroser l'ouvrage en pierre pour tasser la terre, et le lendemain, en reprenant le travail, d'ajouter de la terre bien tassée avant de procéder au travail . deuxième couche de roche.

Cette deuxième couche doit avoir les roches placées avec le bord avant légèrement en retrait de celui de la rangée inférieure afin de former une pente, bien qu'un surplomb occasionnel puisse être façonné si nécessaire pour une certaine plante connue pour détester une goutte d'eau d'en haut. La construction se déroule ensuite comme précédemment, jusqu'à atteindre la hauteur souhaitée. La hauteur est entièrement arbitraire, mais certains points doivent être au moins aussi hauts que le champ de vision, car l'un des grands avantages d'une rocaille est le plaisir de profiter de certaines plantes typiques des rocailles sans se baisser. Les roches utilisées comme matériaux de remplissage doivent se chevaucher ici et là pour donner de la résistance, mais il faut veiller à prévoir de nombreuses et longues couches de sol. Dix-huit pouces devraient être le minimum. Une plante comme l' androsace alpine est une minuscule rosette, ne nécessitant apparemment pas plus d'un pouce ou deux de sol, mais ses racines se trouvent probablement à la suite d'une crevasse remplie de terre dans les rochers jusqu'à une profondeur d'environ un mètre. C'est à cause de cette pénétration profonde des racines que le sol doit être très ferme ; les racines ne doivent présenter aucun risque de contact avec un sol meuble ou de heurter un creux caché.

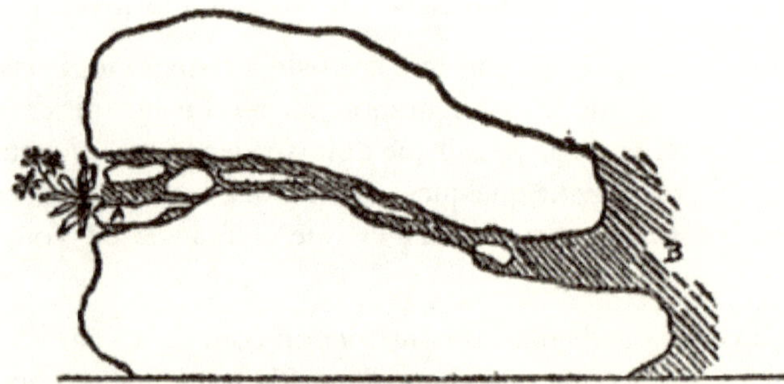

Lorsqu'une roche pèserait trop lourdement sur celle située en dessous, même avec de la terre entre elle, la pression peut être soulagée par l'utilisation de petites pierres. Le parcours du sol n'a

pas besoin d'être droit, mais il doit être continu, afin que les racines de la plante puissent se frayer un chemin de A à B.

À aucun moment entre deux pierres, la couche de terre ne doit avoir une épaisseur inférieure à deux ou trois pouces après avoir été fortement tassée. Si une pierre supérieure risque de trop peser et d'écraser les racines des plantes, cela peut être évité en plaçant de petites pierres ici et là dans la couche de sol. Les racines travailleront entre ces pierres, mais il doit y avoir un chemin de terre continu, mais pas nécessairement droit, depuis l'avant de l'ouvrage rocheux jusqu'au remplissage solide de terre. La course devrait légèrement descendre.

Les roches calculées pour simuler une stratification naturelle doivent être posées sur une pente pour un bon drainage. De tels morceaux de roche peuvent également être utilisés avec parcimonie pour le calage et la fabrication de ce qu'on appelle les « poches ».

Ces poches sont primordiales dans la construction d'une rocaille. Ils occupent les seuls espaces considérables du sol et constituent le principal moyen de colonisation des plantes, produisant ainsi des effets de couleur prononcés. Ils doivent briser les pentes et être de taille, de forme et de répartition irrégulières. Les plus grandes peuvent être facilement subdivisées par de petites pierres lorsque la plantation est terminée si une séparation plus poussée des espèces est souhaitable. Le sol doit être légèrement incliné vers le haut afin qu'il n'y ait pas d'eau stagnante.

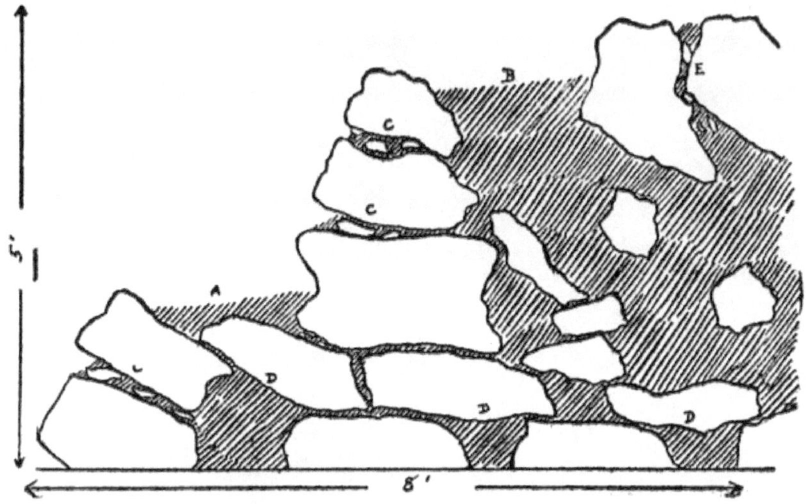

Coupe transversale de la construction d'un jardin de rocaille, montrant des poches de sol peu profondes (A) et profondes (B) ; basculement et calage de roches (C) ; pontage (D) et parcours de sol

dans les fissures perpendiculaires (E). Deux à trois pouces de terre entre tous les joints. Les roches les plus basses sont en partie enterrées

Le drainage d'une rocaille est d'une importance vitale. Il doit y avoir beaucoup d'humidité cachée derrière les rochers pour résister à la chaleur de l'été, mais tout excès doit être emporté. Le jardin doit s'écouler naturellement, comme le font les collines. En cas de doute, faites un lit drainant de huit pouces de clinkers avant de commencer la pose des pierres.

Le sol doit être un bon limon avec un peu de tourbe et des pierres de taille variable allant d'une graine de moutarde à une amande. Un peu de fumier peut être utilisé, mais il doit être vieux.

PLANTATION DU JARDIN

Il existe deux manières de planter une rocaille. L'une consiste à planter toutes les crevasses en même temps que le bâtiment, et l'autre, bien sûr, consiste à tout reporter jusqu'à ce que les roches soient en place et que le sol soit complètement réglé.

Le premier plan est particulièrement attrayant et pratique. Il y a quelque chose de fascinant à terminer complètement une partie du travail au fur et à mesure. L'avantage pratique réside principalement dans le fait que, grâce à cette méthode, des plantes de bonne taille peuvent être solidement établies dès le début dans les crevasses. Dans ce cas, la terre doit être introduite partiellement dans la crevasse et tassée. Ensuite, un peu de terre meuble est saupoudrée sur le dessus, et la plante, avec la terre bien secouée depuis les racines, à moins qu'elle n'ait une racine pivotante, est posée horizontalement avec la couronne juste en dehors du bord du sol. Ensuite, étalez les racines pour suivre le mouvement du sol ; remplissez la crevasse avec plus de terre, bien tassée, et suivez avec plus de plantes du même type. Utilisez de petites pierres pour caler les plantes là où cela semble nécessaire. Les plantes qui pendent doivent être placées dans les crevasses les plus élevées ; tout cela doit être réfléchi à l'avance.

En fait, le plan de plantation ne peut pas être réfléchi à l'avance. Point après point, cela s'accorde avec le plan structurel, qui doit être conforme aux exigences de ce que l'on peut appeler les plantes rocheuses les plus difficiles - les plantes alpines, certaines fougères et les plantes qui s'adaptent bien aux travaux rocheux mais exigent plus que l'humidité ordinaire du jardin. La meilleure façon est de décider quelles plantes sont les plus désirables dans les circonstances, en omettant, en règle générale, les plus difficiles ou « capricieuses » ; vous aurez tout le temps de les expérimenter lorsque vous aurez plus d'expérience. Faites un plan de face des différentes sections de l'ouvrage rocheux et marquez dessus l'endroit où les plantes doivent être placées. Utilisez des nombres, chacun correspondant à une espèce.

Là où seul un petit effet est souhaité, une langue de pierre comme celle-ci constitue une solution simple au problème. Notez l'évitement des lignes droites

L'idée générale est que tout le sol doit être dissimulé, pas nécessairement au moment de la plantation, mais à la fin d'une ou deux saisons de croissance. Sauf si vous êtes un collectionneur, la variété n'a que peu d'importance. L'essentiel est qu'il y ait de la beauté dans son ensemble, quelques effets de couleur saisonniers marqués avec une floraison massive et un peu de vert toute l'année ; le jardin ne doit à aucun moment être nu, comme la nature vous le montrera. Les plantes regroupées ici et isolées là-bas constituent une bonne règle de plantation. Les colonies, toujours d'une irrégularité marquée, doivent se fondre les unes dans les autres, mais elles ne doivent pas envahir l'ouvrage rocheux au point qu'aucune pierre ne soit en vue. Il n'est pas rare que certains des meilleurs effets soient obtenus là où l'on voit plus de roches que de fleurs. Un rocher, par exemple, appelle le contraste des plantes, peut-être seulement quelques plantes basses dans une poche naturelle, plutôt qu'une semi-éclipse. En règle générale, plantez une centaine d'une demi-douzaine d'espèces adaptées et faciles, de préférence à une cinquantaine d'espèces ou plus.

Étudiez en même temps la forme des plantes que l'on veut utiliser ; certains se transforment rapidement en tapis, certains ne dépassent jamais de simples touffes, certains poussent toujours vers le haut, certains préfèrent pendre et certains ont un feuillage persistant ou presque. Pour être plus précis, une plante de *Saponaria ocymoides* s'étalera sur quatre pieds carrés de sol et remplira ainsi complètement une poche de taille moyenne, alors que pour dissimuler la même quantité de sol, il faudra peut-être utiliser trois douzaines d'auricules.

Il en va de même pour le cresson blanc (*Arabis albida*). Il en va de même avec une crevasse. Une seule plante d'un des orpins traînants le remplirait peut-être, quand un certain nombre de rosettes de poireaux plus petits seraient nécessaires.

Les plantes hautes, comme la digitale, peuvent parfois être utilisées, en petit groupe, au fond d'une baie au niveau du chemin ; mais il est préférable de les placer derrière la roche, comme arrière-plan ou comme éléments dominants de l'entrée ou de la sortie du jardin. A l'entrée ou à la sortie, ces plantes audacieuses constituent un bon pont entre la rocaille et le terrain extérieur. Les plantes étalées et rampantes doivent être placées à un pied ou plus au-dessus du niveau du chemin et la plupart des plantes avec des touffes ou des rosettes de feuillage. Si le chemin est suffisamment large, certaines plantes à grande extension peuvent passer à la base des rochers, mais la règle est d'utiliser celles de taille moyenne, avec quelques plantes touffues et d'autres qui poussent verticalement, mais ne sont pas hautes. pour apporter de la variété. Lorsque le chemin est constitué de pierres plates, irrégulières en termes de taille et de placement, cette croissance doit remplir tout l'espace du sol, même entre les pierres. Une telle voie s'avérera plus que valable et ne constituera pas une entreprise aussi exigeante qu'il y paraît.

Des considérations évidentes sont que les plantes ayant un besoin marqué d'humidité ou d'ombre devraient être favorisées en matière d'emplacement, même s'il est étonnant de voir à quel point nombre d'entre elles sont adaptatives.

Ne placez pas le faible à côté du fort. À moins que vous ne soyez un jardinier à la vigilance éternelle, les faibles subiront le pire avant que vous ne réalisiez quelle erreur vous avez commise.

Enfin, n'oubliez pas que planter n'est pas la fin ; ce n'est que le début de la plantation. Tant que la rocaille existera, il y aura toujours des plantations. La mortalité normale en nécessitera, il y aura des éclaircies, et le temps suggérera des ajouts et des réarrangements plus ou moins nombreux.

Et avec la plantation s'ajoutent les soins continus, dont une grande partie peut être effectuée au cours de la promenade quotidienne dans le jardin, et donc la perte de temps ne se fera pas sentir. Arrosez en cas de sécheresse réelle, mais utilisez un arroseur et ne vous arrêtez que lorsque le sol est détrempé sur quelques centimètres de profondeur. Un simple arrosage de surface est déjà assez mauvais dans un jardin ordinaire ; dans un jardin de rocaille, c'est une erreur fatale, car la croissance des racines près de la surface du sol ne laisse pas les plantes en état de supporter toute la force du soleil d'été.

Parcourez soigneusement le jardin une fois par an et surveillez constamment les mauvaises herbes. Si le sol est lourd, recouvrez-le de gravier à l'automne. Le grain est bon pour les plantes rocheuses. Des éclats de pierre placés autour d'une plante éviteront que trop d'humidité ne se dépose autour du collet en hiver. Attention aux points faibles après de très fortes pluies.

PLANTES POUR UN JARDIN DE ROCHE

Il y a tellement de plantes adaptées à un jardin de rocaille que l'éventail de choix est ahurissant. Dans ce domaine, comme dans l'aménagement du jardin, l'opportunité prime sur le pur désir personnel, même si, fort heureusement, il n'est souvent pas difficile de faire aller les deux de pair ; une petite réflexion intelligente aide beaucoup.

Au débutant, on ne peut pas donner de meilleur conseil que celui qui s'applique au ramassage des roches : utilisez le matériel qui se trouve à portée de main. Il ne s'agit en aucun cas d'une simple suggestion visant à suivre la ligne de moindre résistance. C'est bien plus. En premier lieu, il existe toujours une quantité infinie de plantes belles et adaptées sans aller très loin. Là encore, les effets harmonieux naturels dans votre voisinage immédiat seront certainement adaptés à votre terrain. Enfin, vous pourrez voir par vous-même comment les choses poussent, et quant à la rusticité des plantes, vous l'avez déjà testée pour vous. Cela ne concerne pas uniquement les conditions naturelles ; il y a un deuxième grand champ dans les jardins – les jardins rustiques – des autres, où vous pouvez à la fois choisir parmi les nombreuses et savoir si certaines plantes sont trop tendres ou nécessitent trop de soins pour votre usage.

En ce qui concerne les plantes originaires du voisinage immédiat, leur valeur pour le jardin de rocaille de la personne moyenne disposant de peu de temps et qui n'est pas obsédée par l'idée de cultiver des plantes rares et curieuses ne peut être surestimée. Et ils sont tellement nombreux ; plus que ce que la plupart des gens imaginent, et souvent d'une beauté individuelle, pas toujours appréciée dans la profusion déconcertante de la nature sauvage, mais clairement apparente lorsqu'un individu, ou un petit groupe, est ouvert à une étude approfondie dans un jardin de rocaille. Ne commettez pas l'erreur assez courante de penser qu'ils sont trop familiers pour être intéressants ; ils ne le seront probablement jamais. Et, honnêtement, pouvez-vous dire dans votre cœur qu'ils le sont ?

Les plantes indigènes sont un excellent matériau pour la rocaille. La fleur en mousse (*Tiarella cordifolia*) en haut et l'une des plus petites fougères en bas

Pour une rocaille du Connecticut, la valériane grecque (*Polemonium reptans*) doivent être achetés, à moins qu'un voisin ne puisse en épargner de sa collection de fleurs d'antan ; là, il appartient à cette catégorie. Mais pourquoi, du Minnesota ou du Missouri, devriez-vous refuser à une si belle fleur une place dans votre jardin de rocaille, simplement parce qu'il suffit d'aller dans les bois pour l'obtenir ? Ce passionné anglais ramène chez lui des primevères de l'Himalaya, des gentianes des Alpes suisses et *du Dryas Drummondi* des Rocheuses canadiennes pour son jardin de rocaille, mais il ne manque pas de profiter de certaines choses communes à proximité, même les « pâles primevère" et la primevère.

À partir de fougères seules ou de plantes arbustives seulement, on peut créer un plus beau jardin de rocaille indigène. Et en ajoutant de petites plantes à fleurs, ou en excluant tout le reste, les possibilités sont illimitées. Il va sans dire que le jardin de rocaille de A dans le Maine ne sera pas comme celui de B en Louisiane ; mais aucune loi ne l'y oblige.

Parmi les fleurs sauvages communes de l'Est qui acquièrent une nouvelle beauté inattendue lorsqu'elles sont transférées dans la rocaille figurent la chélidoine (*Chelidonium majus*), le fraisier (*Fragaria Virginica*), le géranium sanguin (*Geranium maculatum*), la linaire vulgaire (*Linaria vulgaris*), épervière orange (*Hieracium auranticum*), herbe Robert (*Geranium Robertianum*), tussilage (*Tussilago Farfara*), sceau de Salomon (*Polygonatum biflorum*), la fleur en mousse (*Tiarella cordifolia*), la sanguine (*Sanguinaria Canadensis*) et certaines violettes. Ce ne sont là que quelques noms, et ceux-ci sont aléatoires. Certains d'entre eux, le tussilage, le géranium sanguin, la chélidoine et la linaire vulgaire, se propagent trop rapidement, mais en les surveillant attentivement et en ne laissant pas les graines mûrir, ils peuvent être maintenus dans les limites. Il existe de nombreuses plantes de ce type qui prendront toute la place en vue si elles y sont autorisées, et elles doivent être surveillées de près, voire complètement jetées. Certains d'entre eux répondent à un bon objectif en donnant un démarrage rapide à la rocaille, après quoi ils peuvent facilement être réduits ou complètement jetés. Il n'y a aucun scrupule à se débarrasser. Certaines plantes, comme certains amis, vous plaisent à les recevoir, mais vous n'aimez pas les voir rester pour toujours et un jour.

Les annuelles en tant que classe ne sont pas souhaitables pour le jardin de rocaille ; d'une part, le soin du renouvellement est trop grand. Les biennales demandent presque autant de soins, mais dans chaque cas il y aura toujours des exceptions qui relèvent des préférences individuelles. Rares sont ceux, par exemple, qui auraient le cœur de rejeter la délicate petite linaire violette de Suisse (*Linaria alpina*), simplement parce qu'elle est bisannuelle. Cependant, la principale dépendance doit être placée sur les plantes vivaces, ces plantes qui, sauf accident, durent indéfiniment. Il devrait s'agir principalement d'espèces ; si c'est horticole, n'utilisez pas les tulipes bizarres - Darwin, par exemple, ou l'iris Madame Chereau . Il ne faut pas non plus, à de rares exceptions près, utiliser des fleurs doubles. Une double jonquille semble horriblement déplacée, tandis que le double cresson blanc (*Arabis albida*) passera.

Les plantes de rocaille faciles, dont le matériel ne provient pas de la nature, se trouvent dans la plupart des grands jardins rustiques de l'Est. Certains d'entre eux sont originaires d'Europe ou d'Asie, et plus qu'on ne le pense généralement, ils vivent dans d'autres régions des États-Unis. Parmi les meilleurs d'entre eux pour les tapis de fleurs figurent *Phlox subulata* , *Phlox amœna* , *Aubrietia deltoidea* , la rose vierge (*Dianthus deltoides*), le clairon bleu (*Ajuga Genevensis*), le clairon blanc (*Ajuga reptans*), le mouron laineux (*Cerastium). tomentosum*), thym rampant (*Thymus serpyllum*), véronique naine (*Veronica repens*), *Saponaria ocymoides* , menthe alpine (*Calamintha alpina*), et des orpins roses, blancs et jaunes (sedum). Tous épousent assez bien le sol. Il existe d'autres plantes qui forment un tapis de feuillage, mais les tiges florales s'élèvent plus haut. Il s'agit notamment du cresson blanc (*Arabis albida*), de la renoncule double autorisée (*Ranunculus acris fl. pl.*), de la double mouche allemande également autorisée (*Lychnis viscaria*), d'une autre fleur double, des « belles filles de France » (*Ranunculus aconitifolius*), des Carpates campanule (*Campanula Carpatica*), herbe rose (*Dianthus plumarius*), *Iris pumila* , iris huppé (*Iris cristata*), rose de Noël (*Helleborus niger*), *Phlox divaricata* , *Phlox ovata* , *Phlox repens* , fleur en mousse (*Tiarella cordifolia*), *Veronica incana* , *Alyssum saxatile* , *Saxifraga cordifolia* et diverses benoîtes (geum).

Plusieurs primevères donnent le même effet si la plantation est rapprochée, comme il se doit dans une poche. Les meilleurs sont la primevère anglaise (*Primula vulgaris*), la primevère (*P. veris*), le bœuf (*P. elatior*), l'oeil d'oiseau (*P. farinosa*), l'auricule jaune (*P. auricula*), *P. denticulata* et *P. Cortusoides* . De même, des bulbes de printemps peuvent être utilisés ; plantez-les, pour la plupart, sous un couvre-sol afin que le sol ne soit pas visible lorsqu'ils meurent. Parmi les tulipes, des tulipes simples des types précoces et cottages peuvent être utilisées, si elles sont de couleur unie, mais les espèces les plus préférées sont, telles que la tulipe jaune douce (florentine) du sud de l'Europe et la petite tulipe dame (*Tulipa Clusienne*). Les crocus sont également les meilleurs sous forme de types, et les petites sortes de trompettes jaunes uniques sont le meilleur matériau de jonquille. Des jacinthes simples blanches ou bleues peuvent être utilisées, mais les grappes de bulbes plus lâches qui ont commencé à « s'épuiser » dans la bordure seront meilleures que les épis de floraison raides des nouveaux bulbes. D'autres bulbes précieux sont le perce-neige, *Scilla Sibirica* , gloire des neiges (*Chionodoxa Luciliæ*), fleur de pintade (*Fritillaria Meleagris*), muscari (*Muscari botryoides*), *Triteleia uniflora* , *Allium Moly* , et les jacinthes des bois et espagnoles (*Scilla nutans* et *campanulata*).

Les plantes plus hautes qui peuvent être cultivées, souvent mieux avec un seul spécimen ou une petite touffe, sont l'aconit d'automne (*Aconitum Autumnale*), *le Yucca filamentosa* , le fléau du léopard (doronicum), les pivoines simples (herbacées ou arborescentes), allemandes, japonaises et Iris de

Sibérie, ainsi que le drapeau jaune (*Iris pseudacorus*), ancolies simples, *Anemone Japonica*, *Hemerocallis flava*, *Sedum spectabile*, *Dielytra spectaculaire*, *Dielytra Formose*, l'échelle de Jacob (*Polemonium Richardsonii*), fraxinella, *Anthemis tinctoria*, *Campanula persicifolia* simple, *Campanula rapunculoides*, *Campanula glomerata*, fleur globe (trollius), muflier (antirrhinum), platycodon, lavande (là où elle est prouvée rustique) et mauve musquée (*Malva moschata*).

Parmi les lys, *Lilium Philadelphicum*, *L. elegans*, *L. speciosum* et *L. longiflorum* sont tous souhaitables et prospèrent à l'ombre partielle, bien qu'au Japon, *L. elegans* se détache des rochers en plein soleil. Pour regarder dans la rocaille, plutôt que d'y être placé, *L. Canadense*, *L. tigrinum* et *L. superbem* sont recommandés.

Un jardin de rocaille se fondant dans la forêt. Un chemin courbe est souhaitable, car il offre un plus grand nombre de vues

Les arbustes bas choisis sont le charmant *Daphne cneorum*, qui s'épanouit mieux lorsqu'il est élevé au-dessus du niveau ordinaire du jardin, et *l'Azalée amœna*. Ce dernier doit cependant être placé de manière à ce que son solférino ne provoque pas de mauvais contraste de couleurs. Les rhododendrons et les lauriers de montagne bordent bien un jardin de rocaille et, avec un genévrier traînant (*Juniperus procumbens*), ils fourniront une grande partie du vert hivernal rafraîchissant.

Les roses simples, les espèces, s'intègrent bien là où il y a de la place pour elles. Les bons sont *R. setigera*, *R. rubiginosa*, *R. Wichuraiana*, tous rampants, et le faible *R. blanda*. Il est préférable que les roses soient situées à l'entrée ou à la sortie ou à proximité, ou suffisamment loin au-dessus de la roche pour ne pas marcher sur les petites plantes.

Les plantes de cette liste couvrent toutes les saisons et varient quelque peu en termes de besoins en sol et en humidité. Mais la variation ne dépasse rien des connaissances ordinaires en matière de jardinage. La plupart s'en sortiront mieux si leurs préférences sont prises en compte, mais aucun n'est susceptible de périr avec des soins moyens.

Les Alpines, en tant que classe, feraient mieux d'être laissées à l'amateur avec le temps, l'argent et la disposition nécessaires pour se spécialiser. La plupart d'entre eux acceptent volontiers d'être transférés d'un mile ou plus dans les airs jusqu'au niveau de la mer ; l'edelweiss, par exemple, pousse ici facilement à partir de graines, et la d'une beauté exquise *Gentiana acaulis* prospère dans les rocailles américaines. Mais, dans l'ensemble, les alpins ne se portent pas aussi bien ici qu'en Angleterre, où le climat estival n'est pas si dur pour eux. Lorsqu'ils s'épanouissent ici, c'est au prix de nombreux soins professionnels.

LE JARDIN MUR

Un jardin mural est un jardin de rocaille perpendiculaire. Mais alors qu'un jardin de rocaille est irrégulier, un jardin mural a de la régularité. Le mur n'a pas besoin d'être une ligne droite ; il vaut mieux qu'une extrémité décrive une courbe, et les rochers à la base peuvent lui donner davantage d'irrégularité. Pourtant, il ne peut jamais perdre complètement son air d'œuvre humaine. Le but premier du jardinage est de réduire cet air au minimum.

La manière de réaliser un jardin mural consiste à construire un mur sec en pierres brutes, c'est-à-dire un mur sans mortier. Utilisez plutôt de la terre et tassez-la bien dans chaque crevasse ainsi que derrière les pierres, qui doivent être légèrement inclinées vers l'arrière pour évacuer l'eau dans le sol. Ce basculement peut être réalisé à l'aide de petites cales en pierre. Le meilleur type est un mur de soutènement de cinq pieds, car il y a alors une bonne masse de terre derrière laquelle les racines peuvent atteindre à travers les crevasses. Mais un mur à double face peut être réalisé, si la situation l'exige, en construisant des lignes parallèles de pierres et en le remplissant solidement de terre.

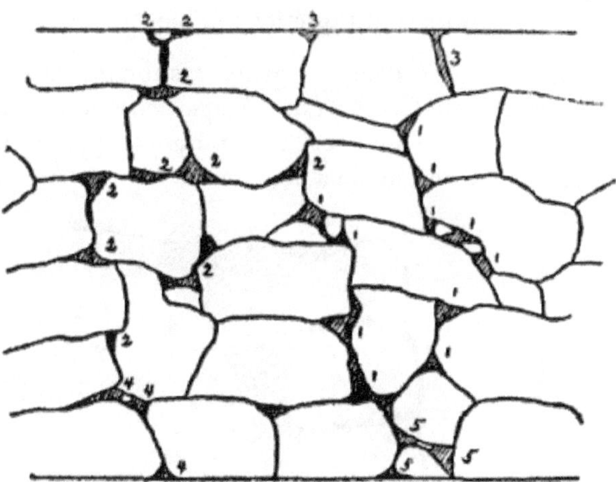

Plan de plantation de mur sec, les parties sombres représentant les principales crevasses remplies de terre. Les plantes sont : 1— *Arabis albida* ; 2— *Alyssum saxatile* ; 3-Poireau domestique (sempervivum) ; 4— *Alto tricolore* ; 5— *Armérie maritime*

Un jardin mural planté en colonies, la meilleure solution. Si leur croissance n'est pas trop vigoureuse, les vignes peuvent être plantées comme indiqué ici à la base.

Bien que la face du mur dans les deux cas puisse être strictement perpendiculaire, il est préférable que chaque couche recule un peu. Construisez-le à la manière d'une rocaille, en posant les pierres de manière à ce que le sommet soit de niveau, ou à peu près.

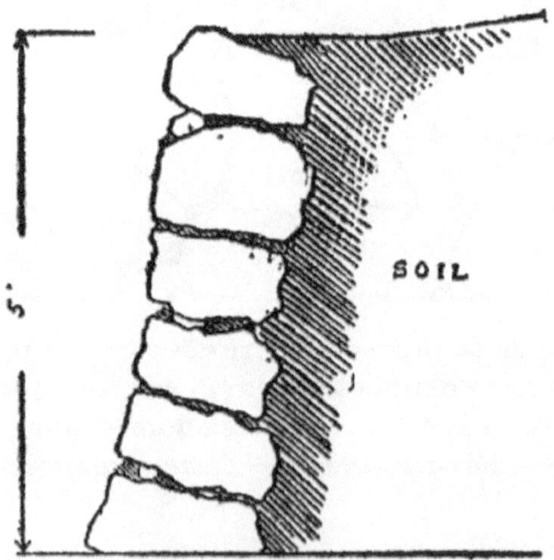

Mur sec pour retenir la banque. Coupe transversale montrant les crevasses, les coulées de sol et l'inclinaison des roches

Lors de la plantation également, suivez les mêmes règles. Il est préférable de planter au fur et à mesure de l'avancement des travaux. Des plantes ou des graines peuvent être utilisées. S'il s'agit de graines, enfoncez-les soigneusement dans le sol devant les crevasses. Les petites graines peuvent être mélangées à de la boue fine et appliquées sur le sol. Pour une petite crevasse, faites une pilule du mélange.

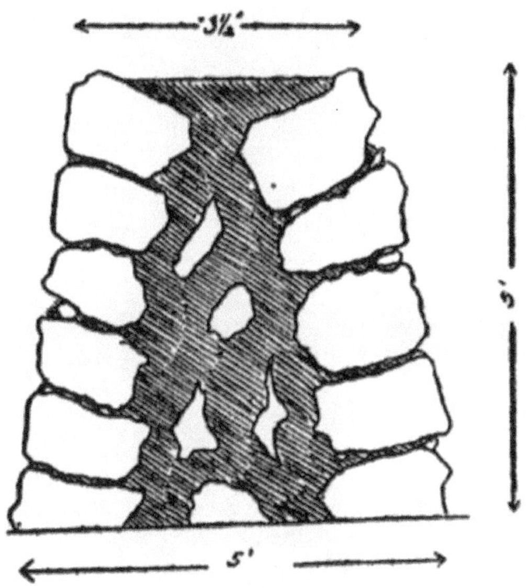

Cloison sèche double face. Quelques pierres sont utilisées avec le remplissage du sol et ici et là une par-dessus

L'éventail de plantes fiables qui ne nécessitent pas de soins particuliers n'est pas très étendu en ce qui concerne les crevasses. Tous les orpins, les poireaux de la maison, *Arabis albida* , la valériane rouge (*Centranthus ruber*), aubrietia, *Alyssum saxatile* , muflier, giroflée (*Cheiranthus Cheiri*), lierre de Kenilworth, *Viola tricolor* , *Dianthus plumarius* et *Dianthus deltoides* sont tous très utiles. Derrière le mur, au sommet, il faut laisser une bande de terre pour y cultiver une plus grande variété de plantes. Les œillets Marguerite simples et les roses d'herbe formeront une sorte de cascade de feuillage et y fleuriront s'ils sont plantés près du mur ou dans les crevasses du sommet, et un effet similaire, mais beaucoup plus audacieux, peut être créé avec le pois vivace (*Lathyrus latifolius*).

Si la cloison sèche est déjà réalisée, les crevasses peuvent être bouchées avec de la terre si l'on fait preuve de prudence et de patience. Même un mur cimenté n'est pas désespéré ; ici et là, le mortier peut être ciselé et une petite pierre occasionnelle doit être retirée.

Un jardin mural présente ces avantages par rapport à une rocaille ; il est plus facile à construire, il est d'une utilité pratique et il est parfois possible là où l'autre ne l'est pas.

JARDINS D'EAU ET DE MARIÉES

Ni l'eau ni le jardin des tourbières ne dépendent des rochers. Cependant, l'un ou l'autre, ou les deux, peuvent tout aussi bien être un complément au jardin de rocaille. Ils résolvent admirablement le problème des zones humides, permettent la culture de nénuphars, d'orchidées et de nombreuses autres belles plantes indigènes et apportent certainement leur part de pittoresque. Si l'eau manque, on peut souvent l'introduire à peu de frais.

Une petite grotte avec de l'eau ruisselante constitue une pause pittoresque dans un jardin mural. À l'ombre, plantez généreusement des fougères

Dans la plupart des cas, il s'avère qu'une certaine construction en ciment est nécessaire, mais qu'elle ne devrait pas être visible. Ceci est facilement réalisé en construisant un accotement en ciment sur les côtés de la piscine ou du ruisseau un peu en dessous du niveau de l'eau, puis en y plaçant des pierres brutes. Un fond en ciment pour les eaux peu profondes peut être masqué en incrustant des cailloux et de petites pierres dans le ciment avant qu'il ne durcisse.

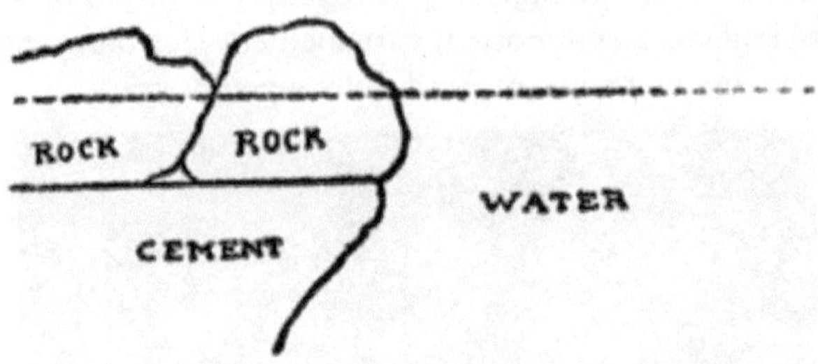

Pour dissimuler la berge cimentée d'une piscine ou d'un ruisseau, faites un épaulement d'environ huit pouces de largeur et environ six pouces sous la ligne de flottaison. Placez ensuite des petites pierres sur l'épaule

Disposez les roches de manière très irrégulière, mais elles peuvent être si peu nombreuses qu'elles ne sont que de simples notes. Évitez les eaux stagnantes et si vous craignez les moustiques, introduisez des poissons rouges. Ils aiment les larves de moustiques .

Nénuphars et sagittaires (une seule plante fera l'affaire si la piscine est petite) dans l'eau et à proximité, mais pas dans l'eau stagnante, iris du Japon, drapeau jaune, globe terrestre et *Lythrum le roseum* est un bon choix. Le myosotis est l'une des plus belles plantes pour les banques. Utilisez le type vivace (*Myosotis palustris semperflorens*).

Le jardin des tourbières reproduit simplement les conditions des tourbières. En tant que complément d'un jardin de rocaille , il peut s'agir d'un petit endroit avec un sol perpétuellement humide et couvert de mousse dans lequel prospèrent les cypripediums et les sarracénies indigènes. Dix-huit ou vingt pouces de sol convenable, un mélange de terreau, de tourbe et de loam, dans lequel a été mélangé du sable et du gravier, doivent être fournis. S'il s'agit d'une tourbière artificielle, le fond peut être en ciment ou en argile flaque.

www.ingramcontent.com/pod-product-compliance
Lightning Source LLC
LaVergne TN
LVHW041445170726
843492LV00008B/2820